BEI GRIN MACHT SICH IHR WISSEN BEZAHLT

- Wir veröffentlichen Ihre Hausarbeit,
  Bachelor- und Masterarbeit

- Ihr eigenes eBook und Buch -
  weltweit in allen wichtigen Shops

- Verdienen Sie an jedem Verkauf

Jetzt bei www.GRIN.com hochladen
und kostenlos publizieren

Joachim Kolb

Räumliche Anforderungen des Kur- und Seebädertourismus

GRIN Verlag

Bibliografische Information der Deutschen Nationalbibliothek:

Die Deutsche Bibliothek verzeichnet diese Publikation in der Deutschen National-
bibliografie; detaillierte bibliografische Daten sind im Internet über http://dnb.d-
nb.de/ abrufbar.

Impressum:

Copyright © 1995 GRIN Verlag GmbH
Druck und Bindung: Books on Demand GmbH, Norderstedt Germany
ISBN: 978-3-640-32134-6

Dieses Buch bei GRIN:

http://www.grin.com/de/e-book/126381/raeumliche-anforderungen-des-kur-und-
seebaedertourismus

Universität Trier   Wintersemester

Fachbereich VI   1994/95

Räumliche Anforderungen des Kur- und Seebädertourismus

Referat für das Proseminar :

Fremdenverkehrsgeographie

vorgelegt von:

Joachim Kolb

Gliederung

1 Einleitung

In der folgenden Arbeit sollen die räumlichen Anforderungen des Kur- und Seebädertourismus untersucht und vorgestellt werden. Hierzu wird zuerst mit Hilfe von Definitionen und begrifflichen Differenzierungen das Untersuchungsobjekt dargestellt. In Punkt 3.2.1. wird auch schon auf die einzelnen Bädersparten, die für die räumlichen Anforderungen von großer Bedeutung sind, eingegangen. Die für das Verständnis der Arbeit wichtige Entwicklung des Kurwesens wird aufgegliedert in die historische Entwicklung, die jüngere Entwicklung und die Zukunftsaussichten des Kurwesens. Das Tourismusangebot, welches die räumlichen Anforderungen des Kur- und Seebädertourismus widerspiegelt, wird in das natürliche Angebot und das Kurangebot untergliedert und untersucht.

2 Definitionen

2.1 Kurort, Kurortbehandlung, Kurtourismus, Kurortcharakter

"*Kurorte* sind Gebiete (Orte oder Ortsteile), die besondere natürliche Gegebenheiten - natürliche Heilmittel des Bodens, des Meeres und des Klimas -, zweckentsprechende Einrichtungen und einen artgemäßen Kurortcharakter für Kuren zur Heilung, Linderung oder Vorbeugung menschlicher Krankheiten aufweisen." (DEUTSCHER BÄDERVERBAND/ DEUTSCHER FREMDENVERKEHRSVERBAND 1991, S. 15. - zitiert nach: BAUER 1993, S. 21)

"Die *Kurortbehandlung* dient der Vorbeugung von Krankheiten (Prävention), der Nachsorge (Rehabilitation) und der Behandlung von chronischen Krankheiten." (DEUTSCHER BÄDERVERBAND/ DEUTSCHER FREMDENVERKEHRSVERBAND 1991, S. 14. - zitiert nach: BAUER 1993, S. 21)

Als *Kurtourismus* bezeichnet man die "Gesamtheit der Beziehungen und Erscheinungen, die sich aus dem Aufenthalt von Personen zum Zwecke der Erholung des menschlichen Organismus aufgrund einer Kur und aus den damit im Zusammenhang stehenden Reisen vom und zurück zum Herkunftsort ergeben" (KASPAR/ FEHRLIN 1984, S.24).

"Der *Kurortcharakter* muss sich in Kureinrichtungen aller Art, in gepflegtem Ortsbild und aufgelockerter Bebauung und der Einbettung von Grün in das Ortsbild widerspiegeln." (MEES 1991, S.14)

2.2 Seebad

"1) Erholungsort am Meer 2) Bad im offenen Meer, dessen Wirkung auf den Salzgehalt, der Kühle des Wassers und auf der Wellenbewegung beruht; warme S. wirken wie Solbäder (-> Heilquellen)." (F. A. BROCKHAUS 1979, S. 662)

3 Begriffliche Differenzierungen des Kur- und Seebädertourismus

3.1 Differenzierung der Begriffes "Kur"

"Der Begriff "Kur" wurde im Jahre 1973 von der "Internationalen Vereinigung für Balneologie und Klimatologie - FITEC" (Fédération Internationale du Thermalisme et du Climatisme) in den "Mindestbestimmungen für die Anerkennung von Bade- und Klimakurorten" auf Grund von Arbeiten des Deutschen Bäderverbandes festgelegt" (KASPAR/ FEHRLIN 1984, S.19).

Die Kur wird als sinnvolle Ergänzung zur klinischen Medizin gesehen und stützt sich auf die natürlichen Heilmittel des Bodens, des Klimas und der Landschaft. Das Ziel der Bäderbehandlung oder Balneotherapie, die eine Reaktions- und Regulationstherapie darstellt, ist die Umstimmung und Aktivierung der Ordnungs- und Selbstheilungskräfte des Kurgastes. Die bevorzugten Methoden sind die schon erwähnte Balneotherapie, die gezielte Klimatherapie mit Sonnenbehandlung, die Verfahren der physikalischen Therapie, die Therapie nach Kneipp, Priessnitz und Felke, sowie die Diätbehandlung. (vgl. HOEFERT 1993) Der Deutsche Bäderverband untergliedert die Kurgäste in Sozialversicherungsgäste und Privatkurgäste (vgl. BAUER 1993). Die Motive dieser Nachfrageseite des Kurwesens sind, die "Kurerholung zur Herstellung psychischer und körperlicher Heilung durch natürliche Heilfaktoren (Wasser, Gase, Peloide, Klima)" (BAUER 1993, S.22) zu nutzen.

3.1.1 Behandlungsformen der Kur

Die Krankheitsbehandlung in einer Kurklinik dient als Heilungsmaßnahme zur Prävention oder Rehabilitation sowie als Abschlussbehandlung. Hierbei unterscheidet man stationäre und ambulante Vorsorge- und Rehabilitationskuren. Stationäre Vorsorge- und Rehabilitationskuren haben eine Dauer von mindestens vier Wochen und sollen nach dem ökonomischen Grundsatz der Rentenversicherung "Rehabilitation geht vor Rente" die Erwerbsunfähigkeit des Patienten verhindern. Ambulante Vorsorge- und Rehabilitationskuren sind individualpräventive Maßnahmen, die eine Kurdauer von mindestens drei Wochen haben. Die Krankenkasse bezahlt bei diesen Maßnahmen die Arztkosten in voller Höhe, die Kosten für die Kurmittel zu 90% und einen pauschalen Kostenzuschuss in Höhe von 15 DM pro Tag. (vgl. BAUER 1993). Der allgemeine Zweck der Rehabilitation im Kurwesen sind die Maßnahmen zur Vermeidung beziehungsweise Minderung von Pflegebedürftigkeit (vgl. HOEFERT 1993, S.395). "Rehabilitation umfasst alle Maßnahmen, die das Ziel haben, das Einwirken jener Bedingungen, die zu Einschränkungen oder Benachteiligungen führen, abzuschwächen und die eingeschränkten und benachteiligten Personen zu befähigen, soziale Integration zu erreichen (...)" (HOEFERT 1993, S.395). Der Kuraufenthalt kann für den Kurgast auch zur "kritischen Phase" werden, da durch die Trennung von Familie und Heimatort oder die Trennung von Beruf und Heimatort der Erholungseffekt verhindert wird (vgl. HOEFERT 1993, S.395).

3.1.2 Wirtschaftliche Gesichtspunkte des Kurtourismus

Die westdeutschen Heilbäder und Kurorte bedienen pro Jahr mehr als zehn Millionen Gäste und erwirtschaften so einen Gesamtumsatz von über 13 Milliarden DM, was einer Nettowertschöpfung von ungefähr 6,5 Milliarden DM entspricht. Dieser Gesamtumsatz beinhaltet die zusätzlichen Umsätze durch den Verkauf ortsgebundener, natürlicher Kurmittel und die Einnahmen durch die Anwendungen der physikalischen Therapie (zum Beispiel Massage oder Krankengymnastik) in den Kurhäusern in Höhe von 450 Millionen DM, sowie 240 Millionen DM durch die Erhebung von Kurtaxen. Außerdem sind im Gesamtumsatz die Umsätze durch ambulante Kurgäste, Passanten und Tagesausflügler enthalten. (HOEFERT 1993, S. 394).

3.2 Differenzierung des Begriffes "Kurort"

Traditionell gliedert man Kurorte in Mineral- und Moorbäder, heilklimatische Kurorte, Seeheilbäder und Seebäder und Kneippheilbäder und Kneippkurorte (vgl. HOEFERT 1993, S. 393/394).

In Deutschland gibt es gesetzliche Vorschriften, die die Bezeichnung eines Ortes als Badeort regeln und ihm erlauben eine der oben genannten Namen zu führen. Von den circa 2400 Fremdenverkehrsorten der Bundesrepublik Deutschland sind 187 Heilbäder, 67 Seebäder und 273 Luftkurorte. (vgl. FREYER 1993)

3.2.1 Bädersparten

3.2.1.1 Mineral- und Moorheilbäder

Die Mineral- und Moorheilbäder begründen ihre Bezeichnung auf die Vorkommen ortsgebundener Heilmittel des Bodens, wie zum Beispiel Minerale, Moor und Gase, die auf verschiedene Arten, zum Beispiel als Trinkkuren, Wannenbäder, Packungen oder Inhalationen, angewendet werden können. In der Bundesrepublik gab es im Jahr 1990 138 Mineral- und Moorheilbäder, die damit die größte Gruppe der Heilbäder und Kurorte bilden. Mit 38 Millionen DM Umsatz durch die Kurmittelabgabe und einer durchschnittlichen Aufenthaltsdauer von 18 Tagen, die sich durch einen Anteil von 72,1% Sozialkurgästen erklärt, ist die Kur in Mineral- und Moorheilbädern hinsichtlich dieser Faktoren die führende Kurart. (vgl. MEES 1991, S.15)

3.2.1.2 Seeheilbäder

Die Seeheilbäder sind Orte, die an der Meeresküste oder in deren direkter Nähe liegen und so über die Heilmittel des Meeres verfügen. Einen wichtigen Faktor stellen aber auch die klimatischen Verhältnisse dar, die oft mit dem Begriff "Seeklima" beschrieben werden.

Die 37 Seeheilbäder und Seebäder an der Ost- und Nordsee der alten Bundesländer erreichten 1990 für die Kurmittelabgabe einen Umsatz von 6,2 Millionen DM und eine durchschnittliche Aufenthaltsdauer von 10,7 Tagen. (vgl. MEES 1991, S.16)

3.2.1.3 Heilklimatische Kurorte

Um die therapeutische Anwendbarkeit zu garantieren, wird die Luftqualität der heilklimatischen Kurorte ständig überwacht. Bei dieser Bäderart ist das Klima, welches durch Reize auf den Organismus des Kurgastes wirken soll, der entscheidende Faktor der Kurheilung. In der Bundesrepublik gab es 1990 43 heilklimatische Kurorte, die einen Umsatz von 1,8 Millionen DM durch abgegebene Kurmittel und eine durchschnittliche Aufenthaltsdauer von 9,2 Tagen aufweisen. (vgl. MEES 1991, S.17)

3.2.1.4 Kneippheilbäder und Kneippkurorte

Bei den Kneippheilbädern und Kneippkurorten stehen im Unterschied zu den anderen Kurorttypen keine ortsgebundenen Heilmittel im Vordergrund. Hier werden nach dem ganzheitlichen, kurtherapeutischen Behandlungskonzept von Kneipp neben dem medizinisch anerkannten Wasserheilverfahren, Bewegungstherapie, Ernährungstherapie, Phytotherapie und Gesundheitserziehung angewendet. In der Bäderstatistik des Deutschen Bäderverbandes waren 1990 48 Kneippheilbäder und - kurorte aufgeführt, in welchen einer durchschnittlichen Aufenthaltsdauer von 11,9 Tagen mit 3,2 Millionen DM ein relativ geringer Umsatz durch abgegebene Kurmittel gegenübersteht. (vgl. MEES 1991, S.17)

3.2.2 Räumliche Verteilung der Kur- und Seebäder in der Bundesrepublik

Die Seebäder der Bundesrepublik kann man in Nordsee- und Ostseebäder aufteilen. Die Nordseebäder konzentrieren sich vor allem auf die Fremdenverkehrsgebiete Ostfriesische Inseln und Nordfriesische Inseln und liegen somit auch in den Naturparken Niedersächsisches Wattenmeer und Schleswig-Holsteinisches Wattenmeer. Die Ostseebäder haben eine große Dichte im Bereich der Inseln Rügen und Usedom, die durch die deutsche Wiedervereinigung das Angebot der Seebäder in der Bundesrepublik quantitativ stark erhöht haben und nach einer Sanierung auch eine Wettbewerbsverschärfung für die ehemaligen westdeutschen Seebäder zur Folge haben werden. Weitere Ostseebäder befinden sich im Bereich der Kieler und Lübecker Bucht, der Großstadt Rostock und dem angrenzenden Fremdenverkehrsgebiet Darß. Die Heilbäder und Kurorte liegen vorwiegend im Bereich der Mittelgebirge, also im Harz, im Alpenvorland, im Schwarzwald, im Bayrischen Wald und im Rheinischen Schiefergebirge mit den Fremdenverkehrsgebieten Eifel/ Ahr, Westerwald/ Lahn, Sauerland und Hessisches Bergland. (vgl. Karte 1, S. 8)

Karte 1: Räumliche Verteilung der Kurorte und Seebäder

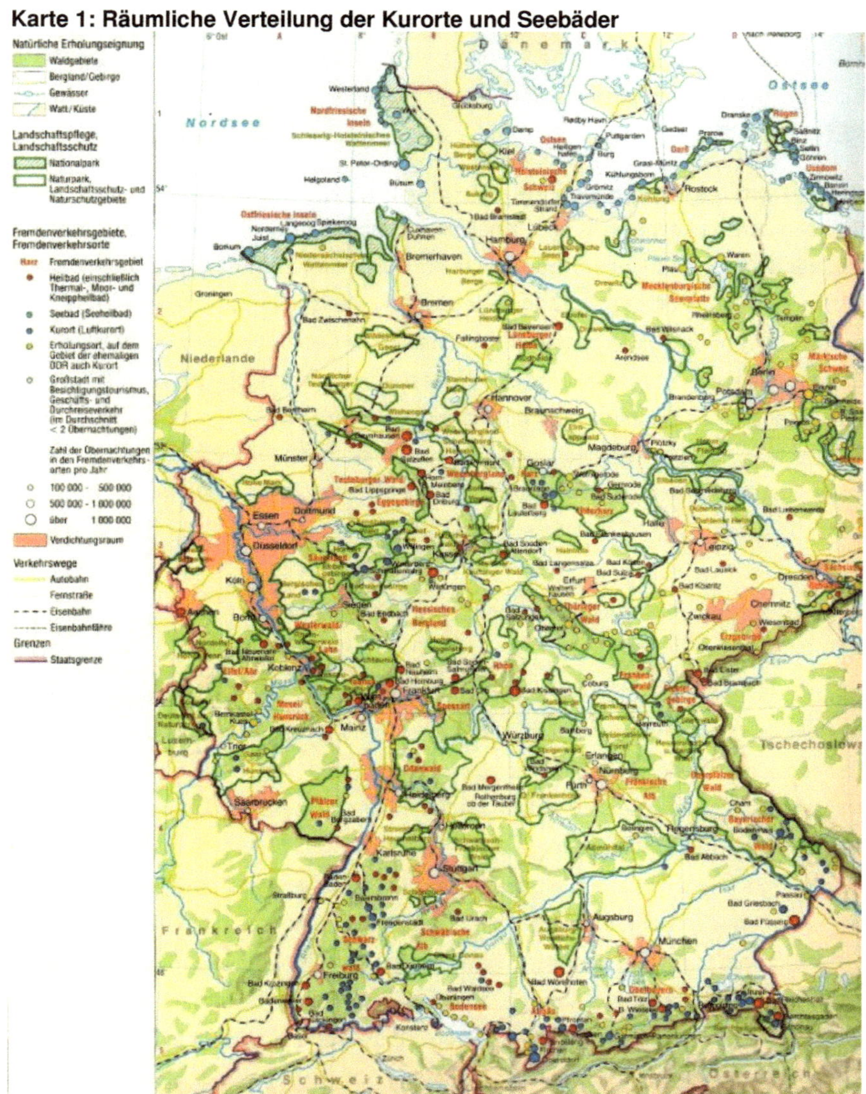

Quelle: WESTERMANN SCHULBUCHVERLAG GMBH (Hrsg.; 1992): Dierke Weltatlas, S.60

3.2.3 Organisation der Kurorte

Lokal bemühen sich auf der unteren Ebene der Organisationsstruktur die Verkehrsämter und Kurverwaltungen um das Fremdenverkehrsangebot in den einzelnen Orten, Gemeinden und Städte, das heißt auf dieser Ebene kann die Organisation staatlich, privat oder gemischt zusammengesetzt sein. Regional haben sich einzelne Gemeinden und Betriebe zu Landesfremdenverkehrsverbänden bzw. Standesvertretungen, wie zum Beispiel der Hotel- und Gaststättenverband, zusammengeschlossen. In Regionalen Arbeitsgemeinschaften werden die Fremdenverkehrsinteressen ihrer Mitglieder durch gemeinsame Maßnahmen gefördert.

Arbeitsgemeinschaften auf Bundesebene sind die Arbeitsgemeinschaft der Moorbäder, die Arbeitsgemeinschaft der heilklimatischen Kurorte und die Arbeitsgemeinschaft der Kneippheilbäder und Kneippkurorte.

Auf nationaler Ebene setzt sich vor allem der Deutsche Bäderverband (DBV) für die Förderung des Kur- und Bäderwesens ein. Mitglieder des Deutschen Bäderverbandes sind der Wirtschaftsverband Deutscher Heilbäder und Kurorte, der Verband deutscher Badeärzte, die Vereinigung für Bäder- und Klimakunde, der Verband Deutscher Heilbrunnen, die wissenschaftliche Gesellschaft für die Vertreter der Kurortmedizin und weitere mit dem Kurwesen verbundene Vereinigungen. (vgl. FREYER 1993)

4 Entwicklung des Kurwesens

4.1 Historische Entwicklung

Schon für die mittlere Bronzezeit (vor 3500 Jahren) ist eine kultische Verehrung und Nutzung von Heilquellen nachweisbar. In der Antike wurde in Griechenland durch die Einrichtung von Tempeln das Bäderwesen als Heilmethode entwickelt und vom sechsten bis vierten Jahrhundert vor Christus gab es in Griechenland etwa 500 Kurstätten, die dem Heilgott Asklepios gewidmet waren. Hippokrates (460-370 v. Chr.) sah in der Krankheit ein Missverhältnis der Grundelemente Feuer, Luft, Erde und Wasser auf der einen Seite und den Körpersäften des Menschen auf der anderen Seite. Die Heilung sollte durch die Anwendung von Diätetik, Gymnastik, Massagen, Schwitzkuren und verschieden temperierte Bäder herbeigeführt werden. Später wurden auch natürlich temperierte und zum Beispiel mit Schwefel angereicherte Quellen genutzt. Im römischen Kulturraum kam es durch die Erfindung der Unterwasserheizung und die Errichtung von großräumigen Badeanlagen, im gesamten römischen Imperium circa 170, zu einem technischen Aufschwung im Bäderwesen. Diese Badeanlagen dienten am Anfang als städtisch-bürgerliche Kommunikationszentren und wurden später auch zur medizinischen Rehabilitation von kranken und verletzten Soldaten genutzt. Nach dem Zerfall des römischen Reiches wurden die Erkenntnisse der Balneotherapie durch die arabischen Ärzte Rases (865-925 n. Chr.) und Avincenna (980-1038 n. Chr.) erweitert und konserviert. In der Gotik wurden diese Erkenntnisse ins lateinische übersetzt und Wasseranalysen dienten als Grundlage der weiteren Forschung. In Deutschland gab es ab dem 13. Jahrhundert öffentliche Badestuben, die jedoch durch hoheitsrechtliche Hygieneregelungen beziehungsweise kirchliche Moralgebote stark beeinflusst wurden. Im 17. Jahrhundert war die Kur nur noch dem Adel und dem gehobenen Bürgertum vorbehalten. Außerdem wurde eine neue Form der Kur entwickelt, die Trinkkur. Die wissenschaftliche Analyse von Wässern führte, durch die Entwicklung der künstlichen Herstellung, zum Fernversand. Zu den frühen Bädergründungen in England, Frankreich und Deutschland kam es im 18. Jahrhundert (vgl. Tabelle 1, S. 11).

Tabelle 1: Frühe Bädergründungen

Zeit	Gründung
1750	Entstehung der ersten Seebäder in Brighton und Margate (England) für Lungen- und Gemütskranke
1776	erstes Meerwasserkrankenhaus an der Atlantikküste (Frankreich) für Lungen- und Gemütskranke
1794	erstes deutsches Seeheilbad in Heiligendamm/Ostsee
1797	Norderney/Nordsee, dort späterer Sitz des Kinderhospizes „Kaiserin Friedrich"
1803	erstes Solbad in Elmen/Magdeburg
1800–30	Seebäder Travemünde (1802), Wangerooge (1804), Wyk/Föhr (1819), Kiel (1822), Helgoland (1826)

Quelle: HOEFERT 1993, S.393

Im 19. Jahrhundert widmeten Priessnitz und Kneipp ihre Forschungen der Kaltwasserbewegung und machten sie zu einer besonderen Form der Kur. Im neuzeitlichen Kurwesen wurde die Natur und ihre natürlichen Heilquellen sowie die Klima-, Sol- und Meerestherapie entdeckt und es kam zur Gründung von Gesellschaften und Forschungszentren. In der Neuzeit erfuhr auch die Sozialgesetzgebung formale Änderungen und Erweiterungen und auf der Grundlage der Reichsversicherungsordnung wurden Regelungen der Kur-Berechtigungen getroffen. (vgl. HOEFERT 1993). Bei den neuzeitlichen Kurreisen stand allerdings weniger der Aspekt Erholung, sondern das Vergnügen in Form des Glücksspiels im Vordergrund des Badelebens. Dies führte zu einem immensen finanziellen und zeitlichen Aufwand für den Kurgast und daher gehörten auch bis zum Ersten Weltkrieg der Adel und später das Großbürgertum zu den dominierenden Gästeschichten der Kurorte. Zu Beginn des 19. Jahrhunderts nutzten die industrielle Führungsschicht, die Manufakturbesitzer und Fabrikanten, den Kuraufenthalt zur Kontaktmöglichkeit mit der feudalen Oberschicht und zur sozialen Selbstdarstellung. Dies endete im Deutschen Reich 1873 mit dem Verbot des Glücksspiels, welches die Schließung aller Spielbanken zur Folge hatte. Der so verursachte Prestigeverlust der Kurorte führte zur Umstrukturierung der Gäste, da die Kurorte nun für junge Gäste nicht mehr attraktiv waren. Die Folge war das Image, dass Kur und Kurorte nur für Alte und Kranke sind.

Der technische Fortschritt, die wachsende Mobilität und die Zunahme der freien Verfügbarkeit der Zeit und Einkommen eröffnete breiten Schichten der Bevölkerung die Teilnahme an der touristischen Reise. Das Ziel der Regeneration der Arbeitskraft galt allerdings nur für geistige Arbeit und wurde 1873 durch staatliche

Urlaubsregelungen für Staatsbeamte eingeführt. Nach dem Ersten Weltkrieg wurde die Kur in das Sozialleistungsrecht einbezogen und so wurden zum Beispiel Genesungskuren für verwundete Soldaten eingeführt. "Die zahlenmäßige Zunahme der Kurgäste führte allerdings zu einer weiteren Verschlechterung des gesellschaftlichen Prestigecharakters der Kur" (BAUER 1993, S.29). Der Sozialtourismus in seinen Formen der Rehabilitation und Prävention wurde 1957 mit der Neuordnung der Rentenversicherung abgesichert. (vgl. BAUER 1993)

4.2 Jüngere Entwicklung

Durch politische Eingriffe in Form von finanzpolitischen Maßnahmen wurden die Bäderkrisen der Jahre 1976/77 und 1982/83 ausgelöst. Weiterhin bewirkte das Gesundheitsreformgesetz von 1989 einen Rückgang der offenen Badekuren um 47,1% oder 385000, einen Rückgang der Übernachtungen um acht Millionen und eine Verringerung der Menge der abgegebenen Kurmittel um 5,8 Millionen. Seit 1989 findet ein Verschiebungseffekt von den offenen Badekuren hin zu stationären Heilverfahren statt. (vgl. BAUER 1993).

4.3 Zukunftsaussichten im Europäischen Binnenmarkt

Für die deutschen Heilbäder wird der Europäische Binnenmarkt zu einer Verschärfung der Wettbewerbssituation führen, da das EG-Recht territoriale Beschränkungen verbietet und dadurch eine starke Konkurrenzsituation zu den südlichen Ländern entsteht. "Das südliche Flair in den Ländern - neben Italien und Frankreich auch Griechenland, Spanien und Portugal - gepaart mit Sonnengarantie und günstigen Preisen erhöhen die Wettbewerbsfähigkeit der südeuropäischen Länder" (BAUER 1993, S.37). Eine weitere Verschärfung wird sicherlich durch die zunehmende Öffnung der Länder Osteuropas eintreten, da hier in traditionellen Bäderländern, wie zum Beispiel Ungarn, ein hohes kurmedizinisches Niveau verbunden mit günstigen Preisen geboten wird. (vgl. BAUER 1993).

5 Tourismusangebot in Kurorten

5.1 Natürliches Angebot

Als natürliches Angebot bezeichnet man die Faktoren, die vom Kurort nicht zu beeinflussen sind, wie zum Beispiel die topographische Lage, die klimatischen Gegebenheiten oder die natürlichen Heilmittel des Bodens oder des Meeres. Ein weiterer Faktor ist die Luftreinheit, für die der Kurort allerdings nur Regelungen für sein Gemeindegebiet, nicht aber für Standorte außerhalb des Gemeindegebiets, treffen kann. (vgl. LÜDTKE/ STOCKBURGER 1976)

Durch das Vorhandensein der verschiedenen natürlichen Heilfaktoren, können drei Arten von Heilbädern unterschieden werden:

"- Badekurorte (Bade- und Trinkkur entsprechend den medizinischen Indikationen)

- Klimakurorte (Schon- und Reizfaktoren mit entsprechenden Indikationen)

- Bade- und Klimakurorte" (KASPAR 1991, S.71).

Außerdem müssen die natürlichen Heilfaktoren, wie zum Beispiel Wasser, Gase und Peloide, durch die Internationale Vereinigung für Balneologie und Klimatologie FITEC "wissenschaftlich anerkannt werden und durch Erfahrung bewährt sein" (KASPAR 1991, S.71). Es werden nicht nur die festgelegten Grenzwerte der natürlichen Heilfaktoren periodisch überprüft, es muss ebenfalls eine ausreichende Ergiebigkeit nachgewiesen werden. Um die Anwendung dieser natürlichen Heilmittel als Kurmittel zu gewährleisten, müssen von den Kurorten entsprechende Kureinrichtungen (Gebäude, Einrichtungen und Apparate) bereitgestellt werden. (vgl. KASPAR 1991)

Wenn man nun die räumliche Verteilung von Seebädern, Luftkurorten und Heilbädern aufgrund des Bioklimas untersucht, kann man erkennen, warum die meisten Luftkurorte und Heilbäder in den Mittelgebirgen (vgl. 3.2.2. Räumliche Verteilung der Kur- und Seebäder in der Bundesrepublik; Karte 1, S. 8) zu finden sind. In diesen Gebieten herrscht nämlich, ähnlich wie an den Meeresküsten, ein Reizklima, welches gerade für Kurgäste aus den bioklimatischen stark belasteten Verdichtungsgebieten zu einem für die Heilung zuträglichen "Klimawechsel" führt. Ein belastendes Klima lässt sich hauptsächlich in den Flusstälern und den Verdichtungsräumen feststellen, während in den Mittelgebirgen und in den Küstenbereichen vorwiegend ein Reizklima vorherrscht. (vgl. Karte 2, S.14)

Karte 2: Bioklima und räumliche Verteilung

Quelle: WESTERMANN SCHULBUCHVERLAG GMBH (Hrsg.; 1992): Dierke Weltatlas, S.47

5.2 Kurangebot

Das Kurangebot kann man in drei Hauptleistungsbereiche mit folgenden Einzelleistungen untergliedern:

"a) Kurtaxbereich: Trinkkuranlagen, Kurpark, Kurmusik und Veranstaltungen (eintrittsfrei), Kurhaus und Gesellschaftsräume, Liegewiesen und Liegehallen sowie sonstige Kurtaxleistungen (wie z.B. Gradierwerke, Waldungen, Wildgehege u.ä.)

b) Kurmittelbereich: Einzelbäder, Bewegungsbäder, Inhalationen, Hydro- und Elektrotherapie, Sauna, Massagen, Gymnastik, Packungen, Kneippanwendungen sowie sonstige Kurmittelleistungen und spezielle Therapien

c) Sonderveranstaltungen: Unterhaltung (Oper, Operette, Theater, Konzerte), Vorträge und Kurse, Sportveranstaltungen, Kongresse und Tagungen. In diesem Leistungsbereich werden diejenigen Veranstaltungen erfasst, die nicht durch die Kurtaxe abgegolten sind." (LÜDTKE/ STOCKBURGER 1976, S. 31/32)

Die kurörtlichen Einrichtungen, also die Einrichtungen, die der Anwendung natürlicher Heilfaktoren als Kurmittel dienen, können abhängig von der Kurart entsprechend variieren. So werden bei Badekurorten Trink- und Wandelhallen mit Kurpark; Kurmittelhaus zur Abgabe von Heilwasserbädern, Gas- und Moorbädern und zusätzlichen Behandlungen; ein Inhalatorium zur Abgabe von Inhalationen; Einrichtungen der Bewegungstherapie (Bewegungsbad, Krankengymnastik, Gymnastik und Sport); sowie Wege für Terrainkuren zu den kurörtlichen Einrichtungen gezählt. Typische kurörtliche Einrichtungen von Klimakurorten dagegen sind: "Gebäude und Einrichtungen mit zweckentsprechenden therapeutischen Möglichkeiten zur Durchführung einer Klimakur, z.B. Kurmittelhaus, landschaftlich bevorzugt gelegene Liegehallen mit Sonnen- und Schattenlage, ausgedehnte Park- und Waldanlagen mit gekennzeichneten Kurübungswegen für Terrainkuren; Sport-, Spiel- und Liegewiesen; Einrichtungen der Bewegungstherapie (Krankengymnastik, Gymnastik und Sport)" (KASPAR 1991, S.66).

Nebenbetriebe, wie zum Beispiel Versandbetriebe, Hotels, Restaurants und Cafes, Kurkliniken, Sanatorien, Forschungsinstitute, Spielbanken, Reisebüros, erweitern und ergänzen das Angebot der Kurorte (vgl. LÜDTKE/ STOCKBURGER 1976).

5.2.1 Mindestanforderungen an den Kurort

Die Internationale Vereinigung für Balneologie und Klimatologie FITEC stellt bestimmte Mindestbedingungen an den Kurortcharakter eines Ortes:

"a) Die Kulturlandschaft sollte als ausgesprochenes Erholungsgebiet gelten oder ausgewiesen sein.

b) Die Infrastruktur muss bestmöglich gewährleistet sein. Insbesondere sind Maßnahmen für einwandfreie Versorgung und Entsorgung sowie alle nötigen Umweltschutzbestimmungen zu treffen (Industrie, Verkehr, Lärm, Gase usw.).

c) Der baulichen Gestaltung des Kurortes ist besondere Aufmerksamkeit zu widmen. Es soll eine freundliche Atmosphäre mit Erholungscharakter geschaffen werden. Für die Unterhaltung der Kurgäste sind je nach Größe entsprechende Gebäude oder Räumlichkeiten zu schaffen.

d) Die Verkehrsanlagen im näheren Kurgebiet sollten für die Fußgänger störungsfrei angelegt sein. Die Grosserschliessungen sollten peripherer vom Kurgebiet gebaut werden.

e) Die stationären Dienstleistungen müssen gewährleistet sein (Rettungswesen, Krankentransport, Bekämpfung ansteckender Krankheiten).

f) Ortsansässigkeit mindestens eines Kurarztes (Badearztes) für die Zeit der Durchführung des Kurbetriebs während des Jahres. Dieser Arzt muss besondere Kenntnisse bezüglich der in diesem Kurort behandelten Krankheiten besitzen. Er muss über die erforderlichen Einrichtungen für die Diagnose der Erkrankungen und zur Kontrolle des Kurverlaufs entsprechend den Heilanzeigen des Kurortes verfügen können.

g) Die kurgemäße Unterkunft muss hygienisch einwandfrei und wohnlich angenehm sein.

h) Die kurgemäße Verpflegung (Normal- und Diätverpflegung) muss den Vorschriften des Kurarztes entsprechen". (KASPAR 1991, S. 71/72)

5.2.2 Räumliche Verteilung der kurörtlichen Einrichtungen innerhalb des Kurortes oder Seebades

5.2.2.1 Fallbeispiel I: Bad Wildungen-Reinhardshausen - als Beispiel für ein Heilbad

Karte 3: Bad Wildungen-Reinhardshausen

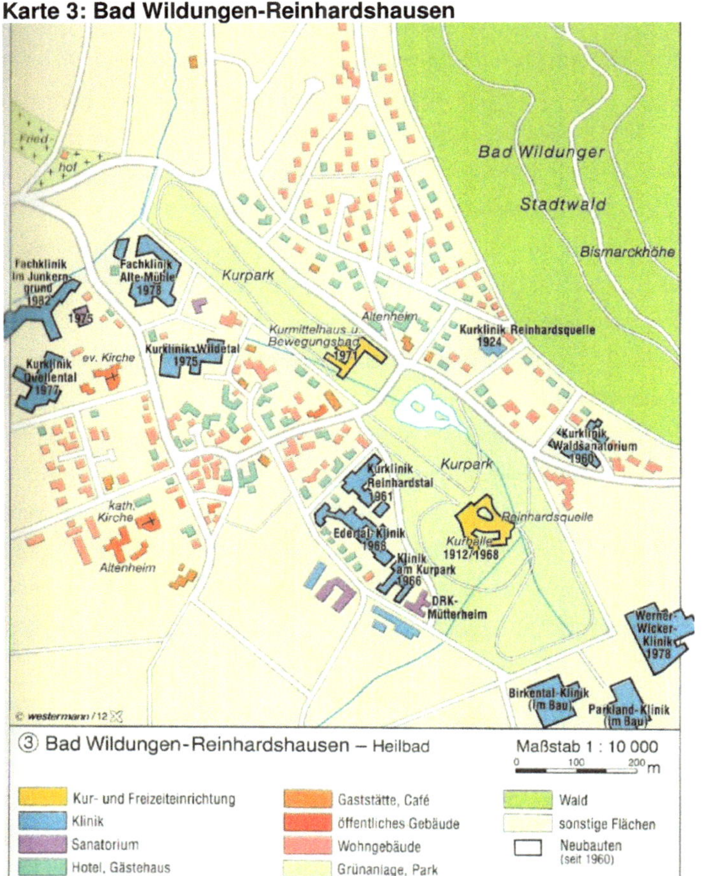

Quelle: WESTERMANN Schulbuchverlag GmbH (Hrsg.; 1992): DIERCKE Weltatlas. - 3. aktualisierte Auflage, Braunschweig, S. 61

Das Heilbad Bad Wildungen-Reinhardshausen liegt im nordhessischen Mittelgebirge und gehört zum Fremdenverkehrsgebiet Hessisches Bergland.

Das Zentrum von Bad Wildungen-Reinhardshausen ist der Kurpark mit der Kurhalle und der Reinhardsquelle, sowie dem Kurmittelhaus und dem Bewegungsbad. Diese beiden wichtigen Gebäude sind durch Spazierwege innerhalb des Kurparks miteinander verbunden. Die Kurhalle dient als Veranstaltungsort und durch die Integration der Reinhardsquelle findet hier auch die Anwendung der Trinkkur statt. Das eigentliche Gebäude für die Kuranwendungen ist allerdings das Kurmittelhaus mit dem Bewegungsbad, welches 1971 errichtet wurde. Die älteste Kurklinik ist die Kurklinik Reinhardsquelle, die 1924 erbaut wurde. Erst in den 60er Jahren kam es in unmittelbarer Nähe der Kurhalle zum Bau weiterer Kliniken (Kurklinik Waldsanatorium (1960), Kurklinik Reinhardstal (1961), Klinik am Kurpark (1966), Edertal-Klinik (1968)). Weitere Kurkliniken und Fachkliniken wurden in den 70er und Anfang der 80er Jahre im Nordwesten, in der Nähe des Kurmittelhauses, und im Südosten, in der Nähe der Kurhalle, angesiedelt. Die zuletzt erbauten Kliniken wurden südlich der Kurhalle errichtet. Auffällig ist bei der Ansiedlung der Kliniken, dass die Entfernung zum eigentlichen Zentrum immer größer werden, ein Grund hierfür könnte eine Zunahme von stationären Kuren in Fachkliniken sein. Weiterhin gibt es vier Sanatorien, unter anderem das DRK-Mütterheim, die sich im Nordwesten, in der Nähe des Kurparks mit Kurmittelhaus, und im Südwesten, in der Nähe des Kurparks mit der Kurhalle, angesiedelt haben. Auffällig ist auch die hohe Konzentration der Hotels und Gasthäuser und der Gaststätten und Cafes zum Kurmittelhaus hin. In Bad Wildungen-Reinhardshausen befinden sich außerdem noch zwei Altenheime, wovon eines in unmittelbarer Nähe zum Kurmittelhaus liegt. Der Kurpark ist nicht die einzige Grünfläche, sondern im Nordosten schließt sich noch der Bad Wildunger Stadtwald an. (vgl. Karte 3, S. 17)

5.2.2.2 Fallbeispiel II: Westerland/Sylt - als Beispiel für ein Seebad

Westerland, das wohl bekannteste und auch größte Seebad von Sylt, gehört zum Fremdenverkehrsgebiet Nordfriesische Inseln und liegt im Nationalpark Schleswig Holsteinisches Wattenmeer. Das Kurzentrum liegt im Westen in direkter Nähe zum Meer und somit auch zum Badestrand. Die Gebäude für die Kur sind das Kurhaus mit Kur- und Kongresssaal, die Kurverwaltung, die Musikmuschel, das Aquarium und das Kurmittelhaus mit Meerwasser-Wellenbad. An dieses Kurzentrum schließt sich im Osten ein ausgedehntes Geschäftszentrum mit Fußgängerzonen an. Nördlich und südlich dieses Geschäftszentrums befinden sich mehrere Hotels und Pensionen. In dem gesamten zentralen Bereich besteht ein Nachtfahrverbot, so dass es nachts im

Zentrum und in den umliegenden Straßen, durch die Fußgängerzonen und das Nachtfahrverbot, zu einer vollständigen Verkehrsberuhigung kommt. Die kulturellen Einrichtungen, wie das Spielcasino, der Theatersaal und das Kulturzentrum "Alte Post", liegen im Nordosten des Geschäftszentrums. (vgl. Karte 4, S. 19)

Karte 4: Westerland/ Sylt

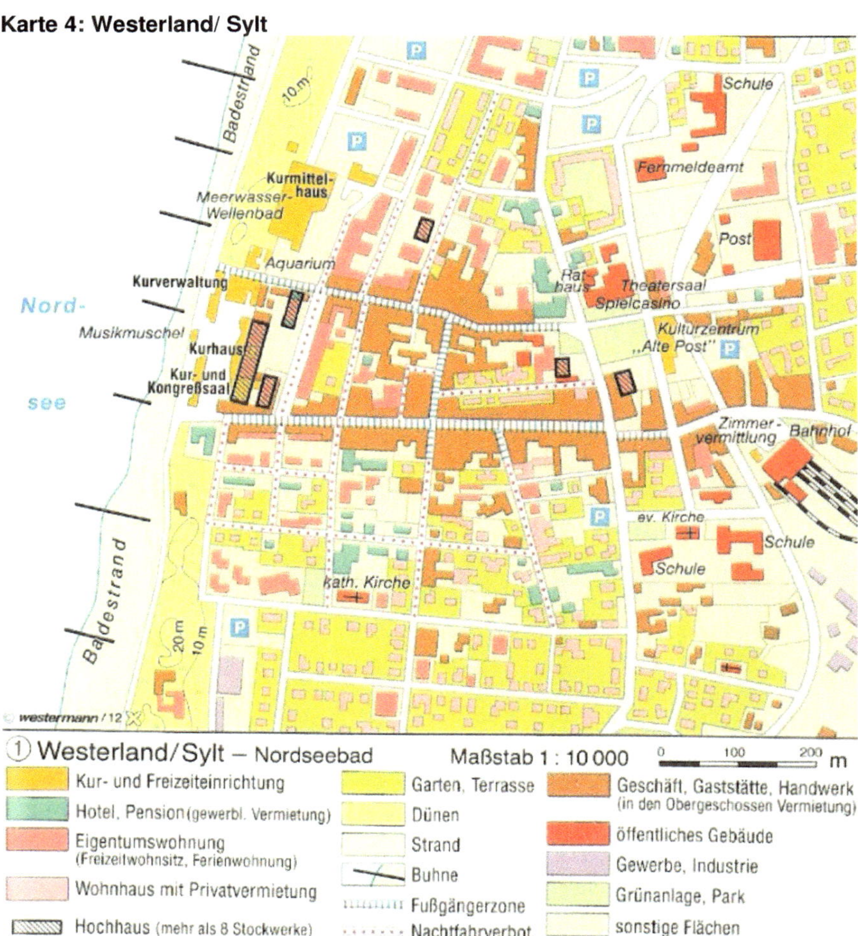

Quelle: WESTERMANN Sᴄʜᴜʟʙᴜᴄʜᴠᴇʀʟᴀɢ GᴍʙH (Hrsg.; 1992): DIERCKE Weltatlas. - 3. aktualisierte Auflage, Braunschweig, S. 61

6 Schlussbemerkung

Nachdem im Verlauf der Arbeit das vorhandene Tourismusangebot, sowohl das nicht beeinflussbare, natürliche Angebot als auch das von den Kurorten aufgebaute Leistungsangebot dargestellt wurde, sollten am Ende dieser Arbeit die Probleme und Gefahren erwähnt werden. Umweltverschmutzung, die Verkehrsbelastung und das Versickern der Quellen sind nur einige der Gefahren und Probleme, die das Potential des natürlichen Angebotes verringern. Auf der anderen Seite wird die Aufrechterhaltung der für die Hochsaison ausgebauten Infrastruktur für die Kurorte immer schwieriger.

7 Literaturverzeichnis

BAUER, Alfred E. (1993): Tourismus und Regionalplanung. - Die Bedeutung von Heilbädern für den ländlichen Raum, dargestellt am Beispiel des Heilbades Bad Soden-Salmünster (= Rhein-Mainische Forschungen, Heft 111, S. 15-37). - Frankfurt am Main.

F.A. BROCKHAUS (Hrsg.; 1979): Der Neue Brockhaus, Bd. 4, Wiesbaden.

CHARVÁT, J. (1972): Gegenwart und Zukunft des Heilbäderwesens (= Berner Studien zum Fremdenverkehr, Heft 9). - Bern, Frankfurt.

FREYER, Walter (1993): Tourismus: Einführung in die Fremdenverkehrsökonomie. - 4. Aufl., München; Wien; Oldenburg.

HOEFERT, Hans-Wolfgang (1993): Kurwesen. - In: Tourismuspsychologie und Tourismussoziologie: ein Handbuch zur Tourismuswissenschaft; Hg. H. Hahn, H.J. Kagelmann, S. 391-396. München.

KASPAR, Claude (1991): Die Tourismuslehre als Grundriss (= St. Galler Beiträge zum Tourismus und zur Verkehrswirtschaft, Reihe Tourismus; Bd. 1). - Bern.

KASPAR, C. und P. FEHRLIN (1984): Marketing-Konzeption für Heilbäderkunde (= St. Galler Beiträge zum Fremdenverkehr und zur Verkehrswirtschaft, Reihe Fremdenverkehr, Band 16). - Bern, Stuttgart.

LÜDTKE, L.F., D. STOCKBURGER (1976): Untersuchung über die Situation und anzustrebende Entwicklungsrichtung in den Heilbädern, Heilklimatischen Kurorten und Kneippkurorten Baden Württembergs unter besonderer Berücksichtigung der wirtschaftlichen Auswirkungen. - München.

MEES, Patricia (1991): Kurortmarketing in Krisenzeiten - Die Entwicklung der deutschen Heilbäder und Kurorte seit 1975 und deren Zukunftsperspektiven. - unveröffentlichte Diplomarbeit Universität Trier. Trier.

RUNDLER, W. et al (1992): Der Kurgast 1991. - In: Leitfaden für Fremdenverkehrskonzeptionen, S 219-227, Hg. Deutsches Seminar für Fremdenverkehr. Berlin.

SEEGER, U. (1979): Kurort-Marketing: Das Marketing- Experiment von Baden-Baden. - München.

VERLAG HERDER KG (Hrsg.; 1968): Der Neue Herder, Band 5, Freiburg im Breisgau.

WEICHERT, Karl-Heinz (1980): Das Fremdenverkehrspotential und die Erscheinungsformen des Fremdenverkehrs als Untersuchungsgegenstand der Fremdenverkehrsgeographie - dargestellt am Beispiel des Planungsraumes Westeifel (= Trierer Geographische Studien, Heft 4). - Trier.

WESTERMANN SCHULBUCHVERLAG GMBH (Hrsg.; 1992): DIERCKE Weltatlas. - 3. aktualisierte Auflage, Braunschweig.